BEI GRIN MACHT SICH IHR WISSEN BEZAHLT

- Wir veröffentlichen Ihre Hausarbeit,
  Bachelor- und Masterarbeit

- Ihr eigenes eBook und Buch -
  weltweit in allen wichtigen Shops

- Verdienen Sie an jedem Verkauf

Jetzt bei www.GRIN.com hochladen
und kostenlos publizieren

Jörg Vogelmann

Spät- und postglaziale Gletscherschwankungen in den Alpen

GRIN Verlag

Bibliografische Information der Deutschen Nationalbibliothek:

Die Deutsche Bibliothek verzeichnet diese Publikation in der Deutschen National-
bibliografie; detaillierte bibliografische Daten sind im Internet über http://dnb.d-
nb.de/ abrufbar.

Impressum:

Copyright © 2006 GRIN Verlag GmbH
Druck und Bindung: Books on Demand GmbH, Norderstedt Germany
ISBN: 978-3-640-15985-7

Dieses Buch bei GRIN:

http://www.grin.com/de/e-book/114419/spaet-und-postglaziale-gletscherschwan-
kungen-in-den-alpen

Universität Stuttgart
Institut für Geographie

Seminar zur Regionalen Geographie: „Alpenländer"

Seminararbeit:

Spät- und postglaziale Gletscherschwankungen in den Alpen

Jörg Vogelmann, M.A.
Geographie,
Politikwissenschaft,
Betriebswirtschaftslehre

INHALTSVERZEICHNIS

Abbildungsverzeichnis

1. Einleitung

Die Untersuchung spät- und postglazialer Gletscherschwankungen in den Alpen ist in einer Zeit, die sicherlich als wichtige Entscheidungs- und Handlungsphase hinsichtlich des Globalproblems „anthropogener Treibhauseffekt" in die Geschichte eingehen wird, aktueller und brisanter denn je. Denn alle Entscheidungen in Politik, Wissenschaft und Gesellschaft hinsichtlich einer Reduktion des Ausstoßes von CO_2 und anderen Klimagasen sowie Reaktionsmaßnahmen auf ein etwaiges „global warming" bedürfen letztlich des profunden Verständnisses von Verlauf und Ursache-Wirkungszusammenhängen des Weltklimas.

Dabei spielt nicht zuletzt die Erforschung der pleistozänen und holozänen Klimaschwankungen eine wichtige Rolle – umso mehr, da das Wissen und Theorien über spät- und postglaziale Umweltveränderungen in den letzten Jahrzehnten dramatisch erweitert wurden (IVES 1977: 253). Gletscher und ihr geomorphologischer Formenschatz gelten in diesem Zusammenhang als Klimazeugen und wichtiges Analyseobjekt zur Rekonstruktion und zum Verständnis klimatischer Veränderungsprozesse. Sie können durchaus als Zeigerphänomene (engl. „signals"), Schlüsselindikatoren und Modellgrößen für das Klimasystem im Hochgebirge perzipiert werden (MAISCH et al. 2000: 24).

Kenntnisse über unterschiedlich alte Moränenwälle oder weitere Formen der Glazialgeomorphologie, zusammen mit vegetationsgeographischen und anderen Ergebnissen, ermöglichen es, das Klima der Vergangenheit – und somit auch von Gegenwart und Zukunft besser zu verstehen. Dabei gewinnt in jüngeren postglazialen Zeitabschnitten (ab Beginn etwa der Eisenzeit 2'800 BP[1]), in denen sich der menschliche Einfluss auf die Vegetation bemerkbar machte und somit Palynologie und Makrofossilien-Analysen an paläoklimatischer Nachweisschärfe verlieren, die Gletschergeschichte als Klimaindikator eine besondere Bedeutung (BURGA/PERRET 1998: 713).

Diese Arbeit wird sich mit der jüngeren Glazialgeschichte der Alpen, speziell den würmspät- und postglazialen Gletscherschwankungen befassen. Dabei wird nach dem Versuch, einen groben Gesamtüberblick über die Alpen im Eiszeitalter unter Bezugnahme auf PENCK und BRÜCKNER zu geben, der Schwerpunkt auf der Analyse der Klima- und Gletschergeschichte des Würmspätglazial-Holozän-Zykluses liegen, dessen theoretische Abhandlungen anschließend kurz an einem Fallbeispiel aus der schweizerischen Berninaregion (Oberengadin) veranschaulicht werden. Dem Rezipienten soll diese Arbeit ermöglichen, die Gletscherdynamiken seit dem LGM (= last glacial maximum) ab ca. 20'000 BP bis zur letzten, „gegenwärtigen" Gletscherschwundphase synoptisch zu erfassen und somit grundlegende Erkenntnisse und Einschätzungskriterien für das heutige Handeln zu erlangen.

---

[1] BP= years Before Present, also "Jahre vor heute"; "heute" wird als 1950 n. Chr. definiert;
In dieser Arbeit wird in Anlehnung an BURGA/PERRET auf das y vor BP verzichtet. Eine Formel zur Umrechnung der unterschiedlichen Zeitrechnungen lautet: BP = Jahre vor Christus + 2000 (in Anlehnung an THOME 1998: 31).

2. Überblick: Die Alpen im Eiszeitalter

Befasst man sich heute mit den Alpen im Eiszeitalter, so basieren nach wie vor viele Erkenntnisse über Gletscher und Klima sowie Einteilungen des Pleistozäns auf dem fast 100-jährigen, bahnbrechenden Standardwerk von PENCK UND BRÜCKNER: *„Die Alpen im Eiszeitalter"*. Die beiden Autoren prägten lange Zeit die in der Forschergemeinde intersubjektiv geteilten Vorstellungen zur modernen Glazialgeschichte. PENCK UND BRÜCKNER machten z.B. deutlich, dass die Alpen im Pleistozän nicht so stark vergletschert waren wie etwa das heutige Grönland, da es kein zusammenhängendes alpines Schneefeld als Nährgebiet gab (zit. in GEIKIE 1910: 195). Die Gletscher der Eiszeit und ihre heutigen Residuen beziehen ihr Nährgebiet also nach wie vor letztlich aus den gleichen Schneefeldern, wobei heutige Gebiete über der Schneegrenze wohl ein ähnliches Erscheinungsbild aufweisen wie damals. Ebenso geht die Vorstellung auf PENCK UND BRÜCKNER zurück, dass die Vergletscherung im Quartär eher eine Folge tieferer Temperaturen und somit geringerer Ablation als ein Ergebnis höherer Schneeniederschläge war (GEIKIE 1910: 196). Sie schätzten die Schneegrenze in den Stadialen um ca. 1200 m tiefer gelegen ein und folgerten, dass in den Nordalpen die Gletscher sich einst zu großen Eisflächen im Alpenvorland vereinigten und in rauhen Tundrenregionen ca. 400-600 m unter der damaligen Schneegrenze endeten. In den Südalpen dagegen stießen aus ihrer Sicht die Eismassen in den Stadialen wohl auch in baumbedeckte Gebiete vor.

Dieses Bild muss nach 100 Jahren weiterer Forschung natürlich differenzierter betrachtet und teils auch revidiert werden, da heute weitaus präzisere Methoden und Daten vorliegen. Viele glaziale Maximalstände der Kaltphasen des Pleistozäns sind heute relativ genau bekannt (beispielsweise die Maximalvorstöße des Illergletschers im Legau, die während der Mindel-, Riss- oder Würmeiszeit geographisch nicht weit voneinander entfern lagen). Als gesichert gilt auch, dass die Alpengletscher wohl vorrangig während der Riss- und teils Mindeleiszeit ihre weitesten Vorstöße im Alpenraum verzeichneten. Ebenso weiß man von den Warmzeiten, dass hier bis zu 400 m höhere Schneegrenzen als heute auftraten, die jeweils weite Rückzüge der Gletscher aus den Tälern zurück ins Hochgebirge nach sich zogen. Generalisiert betrachtet dauerten Eiszeiten im Schnitt ca. 100'000 Jahre, Warmzeiten dagegen nur ca. 15'000 Jahre. Im Würm-Holozän-Zyklus etwa macht der zeitliche Anteil der Kaltphasen (Stadiale) mehr als drei Viertel aus (BURGA/PERRET 1998: 611).

Glaziale Rückzugs- und Oszillationsdynamiken bzw. Minimalstände dagegen sind weitaus schwerer zu erfassen. Schon PENCK UND BRÜCKNER stellten in Bezug auf das Spätglazial der Würmeiszeit drei lange Unterbrechungen im Rückschmelzen der Gletscher – sogenannte *Rückzugsstadien* – fest, bei denen es teilweise zu einem erneutem Vorstoßen der Eismassen kam (zit. in GEIKIE 1910: 201). Gemäß ihrer guten geomorphologischen

Nachweisbarkeit an den entsprechenden Orten wurden diese als Bühl-, Gschnitz- und Daunstadium von ihnen benannt, welche noch heute die Grundlage des Systems zum alpinen Gletscherrückgang im Spätglazial bilden (GEIKIE 1910: 201; FURRER 1990: 10). In den folgenden Kapiteln sollen die Ergebnisse der Pioniere auf dem Gebiet der Glazialdynamiken des Spätwürms und Holozäns differenzierter betrachtet, erweitert und auf den neuesten Stand gebracht werden.

Zunächst wird ein knapper, keines Falls den Anspruch auf Vollständigkeit erhebender Überblick über einige der gängigen Forschungsmethoden zur Rekonstruktion der jüngeren Galzial-, Vegetations- und Klimageschichte des Alpenraumes dargestellt, um dem Rezipienten Hilfestellung bei der Einschätzung und Bewertung der später dargelegten Erkenntnisse zu spät- und postgalzialen Gletscherschwankungen zu geben.

3. Methoden zur Rekonstruktion der Vegetations-, Klima und Glazialgeschichte

Rekonstruktionen von Paläoklimaten erfolgen in der Regel auf Basis der Interpretation geomorphologischer, sedimentologischer, pedologischer, botanischer und zoologischer Indikatoren sowie Isotopenbestimmungen.

Geomorphologen schließen aus dem Erhaltungszustand und der Position von Moränenwällen und eisrandlichen Entwässerungsrinnen auf deren ungefähres Alter und die zugehörigen Gletscherstände (vgl. Abb. 1 u. 2) (FURRER 1990: 7f.). Moränen des Egesen- oder des 1850er-Hochstandes etwa sind vielerorts gut erkenn- und abgrenzbar.

Abb. 1 u. 2: spätglaziale Moränen im Tal, die zur Rekonstruktion von Gletscherständen herangezogen werden können (vgl. rote Pfeile). Quelle: FURRER 2001: 36;38.

Neuere Methoden der Absolutdatierung wie etwa ^{14}C-Messungen bieten dabei eine wichtige Ergänzung klassischer Vorgehensweisen. Mit dem Begriff „Stand" oder „Gletscherstand" bezeichnet man eine im Gelände durch Moränenablagerungen gekennzeichnete und meist gut abgrenzbare frühere „Gletscherausdehnung" im Anschluss an Vorstoß- oder längere Stillstandsphasen. Der Terminus „Gletscherhochstand" wird dabei im speziellen auf Gletschervorstöße in der Größenordnung von 1850 angewendet (MAISCH et al. 2000: 49). Gleichaltrige Moränenwälle werden, auch auf Basis geologischer Geröllanalysen, verschiedenen Gletschervorstößen zugeordnet und die ehemalige Eistopographie bzw. Gletscherstände rekonstruiert (FURRER 1990: 5; MAISCH et al. 2000: 62).

Sedimentologische Untersuchungen geben häufig Aufschluss über das Minimalalter des Eisfreiwerdens von ehemals vergletscherten Gebieten, da organische Sedimentation erst nach dem Abschmelzen des Eises einsetzen kann. Organische Seeablagerungen können mit Warmzeiten, mineralische, tonig-siltige Seesedimente mit Klimarückschlägen und Schmelzwassereintrag korreliert werden. So kann z.B. der Zerfall des würmeiszeitlichen Eisstromnetzes ab 18'000 BP über den Beginn der organischen Sedimentation an der Profilbasis zahlreicher schweizer Moore und Seen radiokarbondatiert und rekonstruiert werden (BURGA/PERRET 1998: 619). Auch LISTER betont in diesem Sinne, dass die lakustrinen Sedimente des Zürichsees die paläoklimatischen Ereignisse des späten Pleistozäns und Holozäns gut widerspiegeln (LISTER 1985: 1). Außerdem sei auf die Möglichkeit der Analyse von Seespiegelschwankungen hingewiesen; jeweils niedrige Paläoseespiegel deuten auf Warmphasen und Gletscherrückzug, Transgressionen hingegen auf Gletschervorstöße und kühlere Bedingungen in den Alpen hin (BURGA/PERRET 1998: 725f.).

Methoden der *Palynologie* nutzen die spezifischen morphologischen Bau- und Kennmerkmale von Pflanzenpollen und Sporen, die in feuchtem Einbettungsmittel bzw. Sedimenten gut erhalten bleiben (WELTEN 1982: 75). Eine vegetationsgeschichtliche Klimarekonstruktion stützt sich dabei auch auf *Makroreste* wie erhaltene Blätter, Stängel, Früchte, Samen etc. Mittels biostratigraphischer Einteilungen lässt sich die Ablagerungsfolge von Pollen oder organischen Resten in bestimmten Sedimenten wie Seetonen oder Torf ermitteln (WELTEN 1982: 75f.). Anstiege von Baumpollen im Vergleich zu Nichtbaumpollen deuten dabei auf Erwärmungstendenzen hin. Des Weiteren ist der Eiszerfall im beginnenden Spätwürm oft durch einen Anstieg von Artemisia und Pionierarten gekennzeichnet (BURGA/PERRET 1998: 619). Auch FURRER kommt in Bezug auf protokratische Spezies zu dem Ergebnis, dass sie das Abschmelzen der Gletscherzungen seit Beginn des Spätwürms gut widerspiegeln (1990: 35). Aus entsprechenden Profilanalysen und eventuellen ^{14}C-Datierungen können somit Rückschlüsse auf die Vegetations- und damit auch Klima- und Gletschergeschichte quartärer und holozäner Zeitabschnitte gezogen werden.

Zusätzlich zu pollenanalytischen Methoden wird in Aufschlüssen und Bohrungen aber auch gezielt weiteres organisches Material wie z.B. Torfprofile, humose Horizonte fossiler Böden, Holz und Holzkohle mit der Radiocarbon-Methode datiert und zur zeitlichen Einordnung von Gletscherständen verwendet. Ah-Horizonte fossiler Böden auf Moränen geben über das ^{14}C-Alter ihren Überschüttungszeitpunkt auf 200 Jahre genau an – also den

Zeitpunkt, als die (Ufer-)Moräne durch einen Gletschervorstoß mit neuem Material überfrachtet und die Böden fossiliert wurden (FURRER 1990: 36f.).

Eine wichtige Methode zur Rekonstruktion vor allem postglazialer Gletscherstände stellt die radiokarbon- bzw. dendrochronologische Datierung „in situ" gewachsener und dann von Gletschern bei Vorstößen überfahrener, fossilierter Bäume, Wurzelstrünke und Holzreste dar (MAISCH 1999: 53; FURRER 1990: 38). Auf diese Weise kann der Zeitpunkt relativ genau ermittelt werden, zu dem das Eis den Baum überfuhr. Über das Freilegen und Datieren späteiszeitlicher Wälder werden zunehmend Rekonstruktionen von Paläowaldgrenzen bestimmter Klimaperioden möglich, die weitere Rückschlüsse auf die Gletscherdynamiken zulassen.

GÄGGELER et al. heben neben den bereits diskutierten Umweltarchiven die Bedeutung von Gletschern als Eisarchive hervor, da Gletschereis seine atmosphärischen Inhaltsstoffe konserviert und somit Analysemöglichkeiten für modernste Methoden der Klima- und Gletscherrekonstruktion bietet (1997: 6). Zukünftig werden wahrscheinlich speziell Untersuchungen von Firn- und Eisbohrkernen wie Analysen der Isotopenzusammensetzung der Wassermoleküle sowie Analysen der eingeschlossenen Kondensationskeime oder der Luft im Gletschereis präziseren Aufschluss über die Geschichte der Alpengletscher geben.

Schon heute nehmen Analysen zum klimaempfindlichen $^{18}O/^{16}O$-Isotopenverhältnis sowohl in Gletschereisbohrkernen als auch biogenen limnischen Sedimenten (z.B. Kalkschalen von Foraminiferen, Ostrakoden und Pelecypoden oder biogener Opal von Kieselalgenschalen) eine wichtige Stellung ein. $\partial^{18}O$-Werte in Palöoniederschlägen oder Sedimenten können also als Klimaindikatoren verwendet werden, da die Werte ohne Zeitverzug auf Klima- und speziell Wasser- bzw. Lufttemperaturveränderungen reagieren und bei höheren Jahresmitteltemperaturen einen relativen Anstieg verzeichnen (GÄGGELER ET. AL. 1997: 14). Beispielsweise lassen sich über Isotopensprünge die Klimawechsel an der Grenze Älteste Dryas/Bölling, Jüngere Dryas/Präboreal gut nachweisen (BURGA/PERRET 1998: 640, 712). Es kann dann versucht werden, solche Klimakenntnisse mit entsprechenden Gletscherdynamiken des Spät- und Postglazials zu korrelieren. Die paläographische Auswertung quartärer Mollusken, fossile Köcherfliegen- und Käferfaunen, die Lössforschung (Lösssedimentation in den Stadialen) oder Untersuchungen von Wechsellagerungen fossiler Böden (Entstehung in den Interstadialen) und Solifluktionsschutt (Entstehung verstärkt in den Stadialen) können weitere Erkenntnisse zur Rekonstruktion von Klimaphasen und Gletscherdynamiken liefern (BURGA/FURRER 182: 69f.; BURGA/PERRET 1998: 715).

Zuletzt sei hier noch in Bezug auf die jüngste glaziale Vergangenheit auf quantitative Messreihen zu Gletscherbewegungen hingewiesen, welche zusammen mit modernem und historischem Kartenmaterial eine oft präzise Vorstellung über Gletscherfluktuationen der jüngeren Neuzeit ermöglichen. Die Rekonstruktion der 1850er-Gletscherstände z.B. erfolgte in der Schweiz unter Einbezug der „Original-Messtischblätter" von 1850 (MAISCH et al. 2000: 224). Des weiteren hat in letzter Zeit der Einsatz von GIS zur Datenaufbereitung, Luftbildaufnahmen zur Lokalisierung der Moränen und vor allem die interdisziplinäre Zusammenarbeit zwischen Naturwissenschaftlern und Historikern bzw. Archäologen bei der Rekonstruktion spät- und postglazialer Gletscherstände stark an Bedeutung hinzugewonnen.

4. Spät- und postglaziale Gletscherschwankungen in den Alpen

Alpine Gebirgsgletscher reagieren weitgehend passiv auf Änderungen der atmosphärischen Bedingungen und sind somit über Energie- und Massenhaushalt mit dem Klimasystem verbunden (MAISCH et. al 2000: 24). Bei Betrachtungen zu spät- und postglazialen Gletscherschwankungen in den Alpen ist es somit essentiell, den Klimaverlauf der Schweiz im Würm-Holozän-Zyklus zu berücksichtigen. In dieser Arbeit wird aus synoptischen Gründen der Eisaufbau zu Beginn des Würms ausdrücklich noch kurz miteinbezogen, so dass Betrachtungen zum späteren Eiszerfall zu den vorangegangenen Epochen in Bezug gesetzt werden können. Im den nachfolgenden Kapiteln werden Klimaphasen und Gletscherdynamiken des Würm-Holozän-Zyklus betrachtet, wobei der Hauptfokus auf der Zeit nach 18'000 BP liegen wird.

4.1. Eisaufbau und Klima im Würm bis zum Hochglazial

Frühwürm (Dauer im Alpenraum ca. 115'000 - 55'000 BP[2]).

Drei frühwürmzeitliche Interstadiale (Huttwil, Ufhusen und Dürnten-Interstadial) mit Fichten- und Kiefernwäldern, aber kühleren Temperaturen als im Riss/Würm-Interglazial (ca. 130'000 - 115'000 BP) wechselten mit drei Frühwürm-Stadialen (Seilern, Mühle und Bifig) mit deutlicher Abkühlung und der Ausbildung von Kältesteppen und Steppentundren. Vor allem auf Grund des massiven Klimarückschlags im ersten Frühwürm-Stadial erfolgten unter den deutlich kälteren Klimaverhältnissen wohl bereits erste massive Vorstöße der alpinen Gletscher. Insgesamt gesehen lag aber im Frühwürm noch keine Tendenz für eine fortschreitende Abkühlung vor (BURGA/PERRET 1998: 611). Nach dem Dürnten-Interstadial erfolgte ein markanter Temperatursturz, der zum Mittelwürm überleitete (BURGA/PERRET 1998: 610).

---

[2] Die zeitliche Einteilung der Abschnitte im Würm-Holozän-Zyklus variiert teils beträchtlich. So beginnt etwa bei BURGA/PERRET (1998: 608) das Spätglazial kurz nach 18'000 BP, bei FURRER (2001: 10) dagegen erst 14'500 BP. In dieser Arbeit wurde teils vermittelnd versucht, die unterschiedlichen Einteilungen in der Literatur miteinander zu harmonisieren.

Mittelwürm (ca. 55'000 – 28'000 BP)

Die Gliederung des Mittelwürms in Stadiale und Interstadiale ist für die Schweiz noch unsicher. Temperaturen und Niederschlägen nahmen ab, es kam zunehmend zu kalt-trockenen Klimaverhältnissen (BURGA/PERRET 1998: 611). Gegen Ende des Mittelwürms existierte allerdings noch eine relativ geringe Ausdehnung der Eismassen im Alpenvorland. Die Wintertemperaturen waren 10 bis 12 k kälter als heute, die Sommertemperaturen lagen um 4 bis 5k und die Jahresmitteltemperaturen 8k unter dem gegenwärtigen Durchschnitt. Aufgrund des um 300-400 mm höheren Jahresniederschlags gegenüber dem Würm-Maximum ermöglichten diese deutlich feuchteren Klimaverhältnisse erst den Aufbau von Eismassen zu Beginn des Hochwürms (BURGA/PERRET 1998: 611, 616).

Hochwürm (ca. 28'000-18'000 Jahre BP)

Das Hochwürm begann mit massiven Gletschervorstößen aus dem Alpenraum um ca. 28'000 BP, wobei die Gletscher ihre Würm-Maximal-Stände zwischen ca. 20'000 u. 18'000 BP bei extremer Winterkälte und Trockenheit erreichten (vgl. Abb. 3). In der Schweiz dürften die Jahresmitteltemperaturen in der Tundren- und Steppenvegetation während dem Würm-Maximum um 12 k und die Jahresniederschlagssumme um ca. 500 mm pro Jahr tiefer als heute gelegen haben (BURGA/PERRET 1998: 616). Im Folgenden wird, ausgehend von den bereits erwähnten Maximalständen des LGM, auf die spät- und postglazialen Gletscher-schwankungen vertiefend eingegangen.

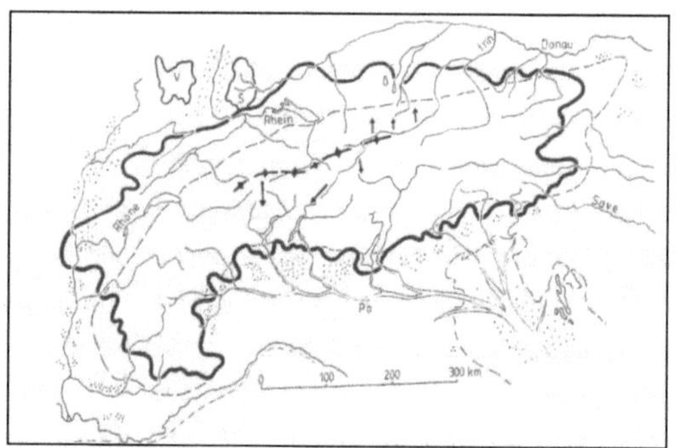

Abb. 3: Größte ungefähr noch erkennbare alpine Eisausdehnung im Pleistozän. Die Würm-Maximal-Stände dürften geringfügig kleiner ausgefallen sein. Quelle: THOME 1998: 112.

4.2. Gletscherschwankungen im Würm-Spätglazial (ab 18'000 (17'500) - 10'000 BP)

Kurz nach 18'000 BP erfolgte vor allem in der **Ältesten Dryas** (ca. 18'000 - 13'000 BP) durch beginnende Erwärmungstendenz und den Übergang vom kalt-trockenen zu weniger kühlem und feuchten Klima das Abschmelzen der würmzeitlichen Maximalstände und der

Zerfall der Eisstromnetze in viele einzelne Tal-Gletscher – nach FURRER teils sogar nur binnen ca. 4000 Jahren (BURGA/PERRET 1998: 619; MAISCH 1992: 32; FURRER 1990: 23).

Generell kann der spätglaziale Gletscherrückzug vom Vorland zurück ins Alpeninnere zwischen 18'000 und 10'000 BP in die Rückzugsstadien **Bühl** bis **Egesen** eingeteilt werden, wobei wie bereits angedeutet mit Ausnahme des Egesen-Stadiums alle vorangegangenen Gletscherstadien in die Zeit vor ca. 13'000 BP fallen. Die Rückzugsstadien können als Etappen im Eiszerfall, also Stillstandsphasen oder teils erneute Gletschervorstöße bei Klimarückschlägen, angesehen werden.

Da man von der Annahme ausgeht, dass bei Gletscherständen mit ähnlichen Höhenlagen der einstigen Gletscher-Schneegrenze diese auch gleich alt sind, wird zu den einzelnen Stadien oft ihre Schneegrenzdepression im Vergleich zur Gletscher-Schneegrenze des Hochstandes von 1850 A.D. angegeben[3]. Hierbei spiegeln die aufeinander folgenden spätglazialen Rückzugsstadien eine schrittweise Höherlegung der Schneegrenzen und somit die fortschreitende Erwärmungstendenz im Anschluss an das LGM wieder (FURRER 1990: 38). (*Hinweis*: Die Gletscher-Schneegrenze, also die Gleichgewichtslinie, auf der der Massenhaushalt des Gletschers im Laufe des Jahres gemittelt 0 beträgt, wird neben der Ableitung über Moränenansatzstellen vor allem auf der Basis der 2:1-Flächenteilung in Akkumulations- und Ablationsgebiet berechnet. Wird folglich jeder durch Moränenwallserien oder andere Eisrandsedimente rekonstruierbare Gletscherstand als damals im Gleichgewicht befindlich interpretiert, lässt sich dessen Gletscher-Schneegrenze relativ leicht ermitteln. In Graubünden etwa lag sie um 1850 gemittelt auf ca. 2650 m ü. M. Heute liegt sie hier 100 - 150 m höher, auf ca. 2750 - 2800 m ü. M. (FURRER 2001: 5; 25f.; MAISCH 1992: 6; MAISCH et al. 2000: 224; 339).

Allgemein kann man wohl davon ausgehen, dass die Gletscherdynamiken im Spät- wie auch Postglazial in den Ost- und Westalpen relativ parallel verlaufen sind (MAISCH 1982: 18). Die Einteilungen der Rückzugsstadien sind jedoch z.B. in Österreich und der Schweiz nicht immer übereinstimmend, weshalb in dieser Arbeit versucht wurde, lokale Nomenklaturen zu umgehen und ein für die inneralpinen Räume im Spätglazial gesamt gültiges Schema wiederzugeben (vgl. auch MAISCH 1992: 32). Demnach lassen sich folgende Rückzugsstadien abgrenzen:

● **Bühl-Stadium[4] (älter als 15000 BP**, vielleicht um 17'000 BP (MAISCH 1982: 103)): Nach vorangegangenem, kollapsartigen Zurückweichen der Eismassen im Anschluss an die Stände des LGM stabilisierte sich das noch intakte Eisstromnetz am Alpennordrand und stieß nochmals mehrgliedrig vor; auch selbstständig gewordene Talgletscher verzeichneten

---

[3] Nachfolgend wird anstatt der korrekten Zeitangabe von 1850 A.D. einfach 1850 verwendet werden.
[4] Angemerkt sei nochmals, dass die Alterseinschätzungen der spätglazialen Rückzugsstadien auf Grund nur weniger Datierungen teils beträchtlich variieren. PENCK etwa legt das Bühl-Stadium auf 24'000-16'000 BP fest (zit. in MAISCH 1982: 98).

erneut Vorstöße (FURRER 1990: 11f. u. 2001: 10; THOME 1998: 114). Die Schneegrenzdepression zu 1850 betrug ca. 900 -1100 Höhenmeter.

Anmerkung: MAISCH z.B. vermutet zwischen Bühl- und Steinach-Stadium noch weitere spätglaziale Vorstoßphasen, die aber bisher höchstens lokal berücksichtigt werden konnten bzw. bei denen wohl eine Korrelation mit überregionalen Nomenklaturen nicht möglich ist (MAISCH 1982:98f.).

• **Steinachstadium** (zeitlich zwischen Bühl- und Gschnitz-Stadium gelegen, vielleicht 17'000 - 16'000 BP (MAISCH 1982: 103)): Dieses Rückzugsstadium war gekennzeichnet durch selbständige Vorstöße der Lokalgletscher, stellenweise auch über letzte inaktive Toteisreste des würmzeitlichen Eisstromnetzes (MAISCH 1992: 20). Die Schneegrenzdepression gegenüber 1850 betrug ca. 950m.

• **Gschnitz-Stadium (ca.14'500 BP):** Die erneuten Vorstöße der Lokalgletscher waren nur wenig geringer als im Steinachstadium, das Toteis des Eisstromnetzes war jedoch bereits restlos verschwunden (MAISCH 1991: 21). Allerdings existierten noch weiterhin ausgedehnte Gletschersysteme mit kompliziert verästelten Einzugsgebieten (FURRER et al. 1987: 67). Es kann von einer Schneegrenzendepression um ca. 600 - 700 m gegenüber 1850 ausgegangen werden (BURGÀ/PERRET 1998: 715; FURRER 2001: 12).

• **Clavadel-Stadium (ca. 14'000 BP):** Hierbei handelt es sich um eine von MAISCH 1977 erstmals in Mittelbünden definierte, markante Vorstoßphase, deren geomorphologische Residuen als letzte räumlich eigenständige Einheiten vor den Daun- und Egesenständen betrachtet werden können (FURRER 1990: 15). MAISCH vermutet, dass es sich beim Clavadel-Stadium durchaus um ein überregionales Rückzugsstadium zwischen Gschnitz und Daun handelt, was durch Hinweise auf ähnliche Stände im Gotthardgebiet, Saas- und Flüelatal gestützt zu werden scheint (1982: 97). Eine Bestätigung dieses Rückzugsstadiums auch aus den Ostalpen steht aktuell aber noch aus. Das Clavadel-Stadium wies eine Schneegrenzdepression gegenüber 1850 von ca. 400-500 m auf; es existierten wohl 3 - 4°C kältere Sommertemperaturen (MAISCH et al 1993: 90; BURGA/PERRET 1998:716).

Anmerkung: Im jüngeren Spätglazial traten die einzelnen Gletscherstände zunehmend enger gestaffelt auf. Daun und Egesen folgen im Gelände oft in geringem Abstand (FURRER 1990:15).

• **Daun-Stadium (um 13'000 BP):** In den hintersten Abschnitten der Seitentäler existierten zu dieser Zeit nur noch kleinere, selbstständige Lokalgletscher, die dann erneut

Vorstöße verzeichneten (MAISCH 1991: 21; 1982: 95). Die Schneegrenzdepression gegenüber 1850 betrug wohl 300 m; es können 2-3 °C kältere Sommertemperaturen gegenüber heute angenommen werden (MAISCH et al. 1993: 90; BURGA/PERRET 1998:716).

Um 15'000 BP waren noch viele inneralpine Passregionen wie etwa Gotthard, die Maloja oder Bernina von Gletschermassen bedeckt, die sich erst am Ende des **Daunstadiums** und der kalt-trockenen Ältesten Dryas (nach 13'000 BP) zurückzogen. Die sich anschließenden, zunehmend wärmeren Klimaverhältnisse kennzeichneten den Übergang zum **Bölling**, in dem teils wieder Bäume auftraten (BURGA/PERRET 1998: 610, 620, 737). LISTER konnte das oben genannte Ende des Daunstadiums bzw. der Ältesten Dryas (ab 13'000 BP) mit dem Übergang zum wärmeren Bölling bestätigen. Er zeigt auf, dass bis ca. 12'800 BP der Zufluss des Zürichsees durch glaziales Schmelzwasser dominiert war, dieser Schmelzwasseranteil jedoch zwischen 12'800 und 12'400 BP vernachlässigbar wurde. Die glaziale Rückschmelzphase war hier zu dieser Zeit somit bereits abgeschlossen (LISTER 1985: 1). Ebenso weist er sauerstoffisotopenanalytisch den signifikanten Temperaturanstieg zum Bölling hin nach: 13'000 BP erfolgte im Zürichsee eine Zunahme der Jahresmitteltemperaturen um 4,3 - 7,2 °C – und das innerhalb nur ca. 50 Jahren. Eisbohrungen in Grönland ergaben hierzu gar eine Temperaturzunahme um 5°C in nur 20 Jahren (zit. in BURGA/PERRET 1998: 716).

Auf die Erwärmung im **Bölling** (13'000-12'000 BP) und **Alleröd** (12'000-11'000 BP) reagierten die Gletscher des Alpenvorlandes (unterbrochen nur durch das schwach entwickelte Stadial Ältere Dryas/Gerzenseeschwankung) mit sehr raschem Eiszerfall bis weit ins Alpeninnere. Die damaligen Minimalstände sind kaum bekannt, der Rückschmelzprozess dürfte jedoch bereits 12'400 BP weitgehend beendet gewesen sein (BURGA/PERRET 1998: 717; FURRER 1990:35).

Der Übergang vom **Alleröd zur Jüngeren Dryas** ist dann jedoch durch einen erneuten, abrupten Kälterückfall gekennzeichnet, der auf die Hemmung des Golfstromes durch den Ausbruch des nordamerikanischen Schmelzwassersees *Lake Agasiz* in den Nordatlantik zurückgeführt wird (BLÜMEL, mündliche Mitteilung, und 1999: 127). Es erfolgte eine Senkung der Jahresmitteltemperaturen in der Schweiz um 3 - 4°C (BURGA/PERRET 1998: 717, 737). Diese Klimatischen Veränderungen schlugen sich in der durch Moränen sehr gut belegten letzten Vorstoßphase der Alpengletscher vor dem endgültigen Rückschmelzen auf postglaziale Größenordnungen nieder, dem

- **Egesenstadium (Jüngere Dryaszeit, 11'000 - 10'200 (10'000) BP).** Es wird oft in drei verschiedene Phasen (Egesen-Maximalstand, Bocktentälli-Vorstoß und Kromer-Stand) gegliedert, wobei letzterer vor allem an kleinen, schnell reagierenden Gletschern ausgeprägt ist (MAISCH 1982: 96f.). Die Gletscher-Schneegrenze lag in der Jüngeren Dryas wohl 150 – 250 m tiefer als beim 1850er-Stand.

Nach einer längeren Phase gleich bleibend tiefer Temperaturen vollzog sich um 10'200 bzw. 10'000 BP der Übergang zum Postglazial (Holozän) äußerst abrupt mit einem Jahresmitteltemperaturanstieg um ca. 3 - 5°C innerhalb weniger Jahrzehnte – im Nordatlantik gar um 7°C binnen 50 Jahren (MAISCH 1995: 83). Im Mittel geht man von einer Erwärmung von mind. 0.8 °C pro 100 Jahre aus, wobei das dadurch verursachte Rückschmelzen der Egesenstände auf neuzeitliche Größenordnungen wohl nur 150 Jahre dauerte (MAISCH et al. 2000: 53f.; BURGA/PERRET 1998: 718). Somit erfolgte der Post-Egesen-Eiszerfall vermutlich doppelt so rasch wie das Rückschmelzen der Alpengletscher im Zeitraum seit 1850 (MAISCH et al. 2000: 336). Die Gletscherschwankungen bzw. Rückzugsstadien des Spätglazials sind in Abbildungen 4 und 5 nochmals überblicksartig dargestellt.

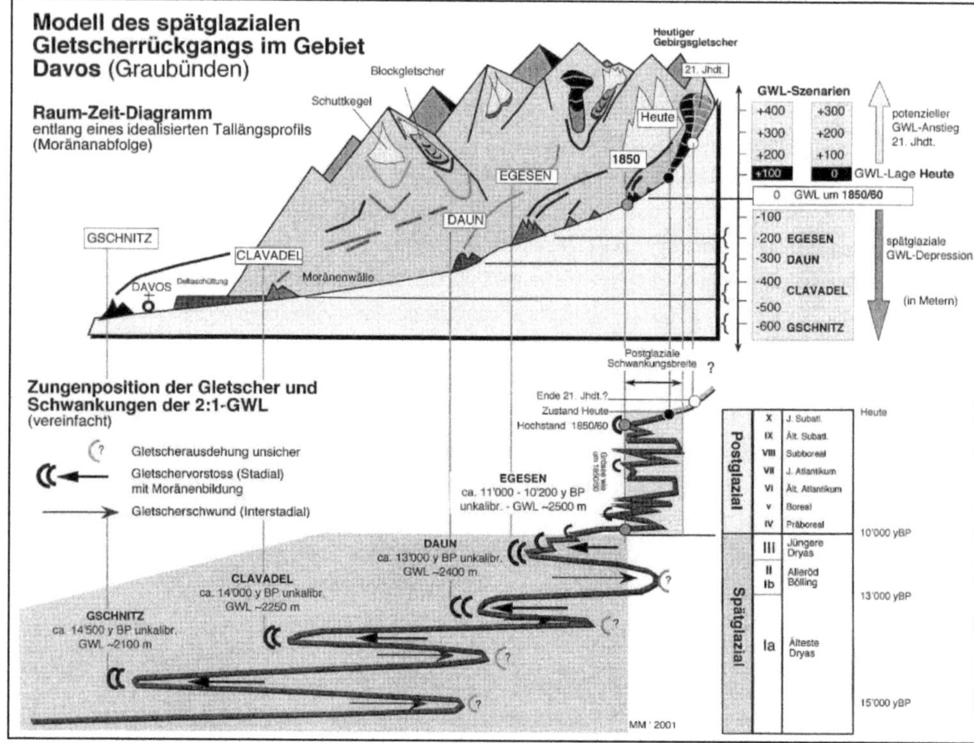

Abb. 4: Modell der spätglazialen Gletscherschwankungen. Quelle: FURRER 2001: 38 (gezeichnet von M. MAISCH). Zu den hier nicht eingezeichneten Stadien Bühl und Steinach vgl. Abb. 5.

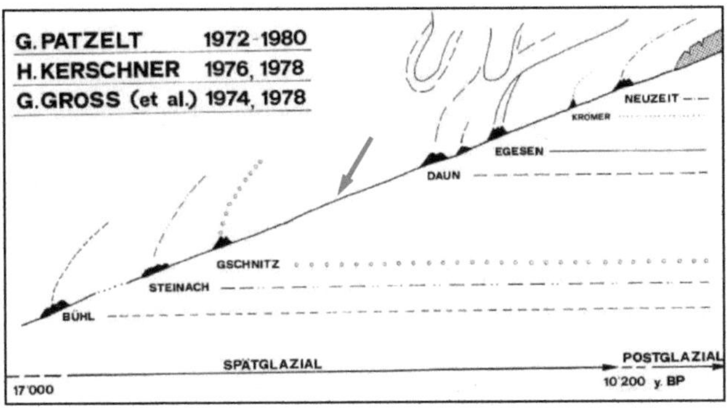

Abb. 5: Modell der spätglazialen Gletscherschwankungen aus Forschungsarbeiten zu den Ostalpen. Das möglicherweise auch in den Ostalpen vorhandene **Clavadel-Stadium** wäre im Bereich des roten Pfeils ggf. noch einzutragen. Quelle: MAISCH 1982: 95.

4.3. Gletscherschwankungen im Postglazial/Holozän (10'200 BP (10'000 BP) - heute)

Die Grenze Würmspätglazial/Holozän ist z.T. umstritten und oft regional zeitlich unterschiedlich anzusetzen. So definiert etwa BLAKE für Kanada das Postglazial ab 9'500-9'000 BP als Zeit, ab der dort keine bedeutenden Gletschervorstöße mehr auftraten (BLAKE, zit. in IVES 1977: 253). BLÜMEL legt den Begin des Holozäns mit 10'000 BP fest (BLÜMEL 1999: 127). Möglich wäre wohl für Mitteleuropa auch die Marke 10'200 BP als Ende der Jüngeren Dryaszeit (MAISCH 1991: 18). Ferner existieren Unterteilungen des Holozäns in die Vorneuzeit (10'200 BP - 1500 n. Chr.) und die Neuzeit (1500 n. Chr. - heute) (MAISCH 1991: 24).

Generell ist das Postglazial im Vergleich zum Spätglazial durch einen Anstieg der Niederschlagssummen, deutlich höhere Mitteltemperaturen (vgl. Kapitel 4.2.) und geringere Temperaturschwankungen um max. 0,5 - 2°C gekennzeichnet. Die postglaziale Baumgrenze schwankte im Vergleich zu heute um nur plusminus 100 Höhenmeter, die holozäne Sommermitteltemperatur um gerade mal 0,7 °C (BURGA/PERRET 1998: 640; 718; 720; MAISCH 1991: 25).

Seit dem Zerfall der egesenzeitlichen Eisstromnetze in den Alpen erreichten die sehr rasch zurückschmelzenden Alpengletscher zu Beginn des Holozäns (*übersetzt*: „Vielwuchs" bzw. „es wächst viel") neuzeitliche Größenordnungen (FURRER 1990: 18; 38). In den letzten 10'000 Jahren ereigneten sich dann stets im Ausmaß ähnlich groß bleibende Gletscher- und Klimaschwankungen, wobei postglaziale Gletschervorstöße nie wieder spätglaziale Ausmaße erreichten. Der Gletscherhochstand von 1850 stellt als letzte Vorstoßphase eine für die Kaltphasenzyklen des Postgalzials charakteristische Größenordnung dar und wurde wiederholte Male erreicht, selten geringfügig, aber nie mehr wesentlich überschritten

(MAISCH et al. 2000: 53; 60; FURRER 1990: 18). Daher liegen postglaziale Moränen oft eng neben- oder übereinander. BLÜMEL betont für Nordwestspitzbergen ähnliche Ergebnisse: "keiner der Gletschervorstöße [zumindest in den letzten 3600 Jahren] ging in seiner Reichweite über den Stand von 1850 hinaus" (BLÜMEL 1999: 127f.).

Bevor nun ein Überblick über die holozänen Kaltphasen mit entsprechenden Gletschervorstößen gegeben wird, soll zuerst auf die postglazialen Rückschmelzperioden hingewiesen werden, die ja wie bereits erläutert bis zu 0.7 °C höhere Jahresmitteltemperaturen und 150 m höheren Waldgrenzlagen als heute aufwiesen. Solche Warmphasen konzentrierten sich dabei besonders im sog. **postglazialen Wärmeoptimum/Hypsithermal (ca. 9'000 – 5'000 BP)**, das jedoch durch Klimadepressionen (z.B. die Oberhalbstein- und Misoxer-Kaltphasen) durchbrochen war (BURGA/PERRET 1998: 720). Über entsprechende Minimalausdehnungen der Alpengletscher liegen allerdings nur wenige Kenntnisse vor.

BLÜMEL betont für das postglaziale Würmeoptimum die teils geringe Vergletscherung der Hochgebirge, während derer viele Alpengletscher wohl bis oberhalb der heutigen Zungenenden abschmolzen (mündliche Mitteilung; ebenso FURRER 2001: 18). Anhaltspunkte liefert gegenwärtig der Ruitorgletscher bei Courmayeur, der ein ein Meter mächtiges Torflager in 2'500 m ü. M. freigibt, das zwischen ca. 8'400 und 6'200 BP im Hypsithermal über fast 2'000 Jahre gebildet wurde und erst danach wieder von der Gletscherzunge überfahren und bis heute konserviert wurde (FURRER 2001: 17).

FURRER geht außerdem von der Annahme aus, dass die Gletscher nicht nur im postgalzialen Wärmeoptimum, sondern auch im mittelalterlichen Kimaoptimum (800 n. Chr.) oder zur Römer- und Bronzezeit teils stärker abgeschmolzen waren als heute. Belege hierfür liefert der Große Aletschgletscher, der im Zeitraum nach 3'200/3'100 BP und um 2'000 BP nachweislich kleiner war als zum heutigen Zeitpunkt, wovon In-situ-Würzelstrünke und Torflager, die heute von Gletscherzungen freigegeben werden, zeugen (MAISCH et. al 2000: 53). Die momentane Vergletscherung der Alpen ist also noch nicht als minimaler „Rekordzustand" anzusehen, sondern befindet sich wohl im „warmen" Grenzbereich aller bisher rekonstruierbaren postglazialen Gletscher- und Klimavariationen (MAISCH et al. 2000: 60). In diesem Sinne betont auch FURRER: „Der heutige Schwund ist bezüglich Ausmass als auch Geschwindigkeit nichts Neues" (vgl. auch Abb. 6). (FURRER 1990: 42; 2001: 17).

Im nachfolgenden soll nun ein Überblick über die postglazialen Kaltphasen und Gletschervorstöße gegeben werden. Dabei sei betont, dass die Alpenforschung noch keine holozäne Klimatheorie großer Reichweite entwickeln konnte: „Viele Beobachtungen deuten darauf hin, dass Gletschervorstösse zu allen Zeiten des Postglazials stattfanden. *Vielleicht* lassen sich diese zu Phasen zusammenfassen" (FURRER 1990: 42; 44). Folglich differieren zeitliche Einteilung und Nomenklatur in den Ostalpen und den Schweizer Alpen weitaus deutlicher, als dies beim spätglazialen Gletscherrückzug der Fall war. Oft lassen sich aber gewisse Übereinstimmungen feststellen.

Die nachfolgende Rekonstruktion holozäner Gletschervorstoßphasen versucht, unterschiedliche Einteilungen möglichst zu vereinen, stützt sich dabei jedoch weitgehend auf das Schema von BURGA&PERRET. Demnach erfolgten seit 10'000 BP folgende Kaltphasen:

- **Palü-Kaltphase (ca. 9'500/9'400 BP)** (Ostalpen[5]: Schlaten-Schwankung): Erste kurze, deutliche Kältephase im Alpenraum mit Gletschervorstößen, die oft das Ausmaß der neuzeitlichen Hochstände (1600 -1850 n. Chr.) unwesentlich übertrafen (PATZELT, zit. in FURRER 1990: 41; FURRER 2001: 18). Die Schneegrenzdepression zu 1850 betrug weniger als 100 m, die Waldgrenze lag in den Ostalpen ca. 100 - 150 m tiefer als heute (BURGA/PERRET 1998: 720). GAMPER/SUTER korrelieren erst das Ende der Palü-Schwankung mit dem endgültigen Abschmelzen der Alpengletscher auf neuzeitliche Größenordnungen (1982: 108).

- **Oberhalbstein-/Schams-Kaltphase (8'700 - 7'700 BP)** (Ostalpen: Venediger-Schwankung, 8'700-8'000 BP): mehrphasige Klimadepression mit Gletschervorstößen und einer Baumgrenzdepression in den Ostalpen um 100 m, teils gar bis 250 m (GAMPER/SUTER 1982: 109; BURGA/PERRET 1998: 720).

- **Misoxer-Kaltphasen (7'500 – 6'000 BP)** (Ostalpen: Frosnitz/ Lartsig-Schwankung): Die zwei getrennten Misoxer Kaltphasen (7500-7400 BP und ca. 6800 – 6000 BP) sind durch Tannenrückgang und Gletschervorstöße z.B. am Sustenpass nachgewiesen. Die Waldgrenze lag damals in den Ostalpen 100 m tiefer als heute (BURGA/PERRET 1998: 722).

- **Piora-Kaltphasen I und II (um 5'200 BP sowie 4'800-4'400 BP)** (Ostalpen: Rotmoos-Schwankungen I und II (5'300 – 4'400 BP): Verschieden Gletschervorstöße sind zu diesen Zeiten z.B. im Ötztal oder Aostatal nachgewiesen; vor allem zwischen 5'000 – 4'500 BP geht man von einem beträchtliche Gletscherwachstum aus (FURRER et al. 1987: 77). Die Waldgrenze lag damals in den Ostalpen 60 m tiefer als heute (BURGA/PERRET 1998: 722).

- **Löbben-Kaltphase (3'340 - 3'175 BP):** FURRER et al. stufen sie als eine der extremsten postglazialen Kaltphasen ein (1987: 77). Es erfolgten Vorstöße z.B. des Frosnitzkees'-Gletschers (Hohe Tauern) in neuzeitlicher Größenordnung. Zur Löbben-Kaltphase lag die ostalpine Waldgrenze 80 m tiefer als heute (BURGA/PERRET 1998: 722).

---

[5] Bei grober zeitlicher Übereinstimmung, aber anderer Nomenklatur der jeweiligen Phaseneinteilung in den Ostalpen wurde der entsprechende Terminus aus der Ostalpenforschung wie folgt angeführt:
Ostalpen: Dortiger Terminus.

- **Göschener Kaltphasen I (2'830 - 2'270 BP) und II (1'600-1'200 BP):** Gletschervorstöße und mehrere Hochstandsphasen sind im Gotthardgebiet belegt. Des weiteren stieß der große Aletschgletscher in der Göschener-Kaltphase I (ca. 2'800-2'700 BP und 2'500-2'300 BP) und Göschener-Kaltphase II (um 1'700/1'600 BP und 1'300 BP) vor. Die Waldgrenze lag in den Ostalpen je 100 m tiefer als heute (BURGA/PERRET 1998: 722 f.).

- **Kleine Eiszeit (ca. 1250 – 1850 n. Chr.):** Hierbei handelte es sich um die letzte postglaziale, zusammenhängende und mindestens 600 Jahre andauernde gletschergünstigen Periode mit wiederholten Vorstößen in der Größenordnung der 1850er-Moränen. Die Klimaungunstphase zeichnete sich bereits gegen Ende des 13. Jahrhunderts ab. Um 1350 n. Chr. existierten erste Gletscherhochstände (z.B. Vorstoß des Gornergletschers 1327-1385 n. Chr.). Nach Unterbrechungen der Vorstöße im 15. Jhdt. folgte mit den Gletscherhochstandsphasen der Neuzeit (17.-19. Jhdt.) ein Zeitbereich, der abschnittsweise extrem kühl war und bis zu 1°C kühlere Jahresmitteltemperaturen gegenüber der Zeit 1901-1960 n. Chr. aufwies (BURGA/PERRET 1998: 723). Gletschervorstöße erfolgten z.B. 1360 - 1385, 1600 - 1640, 1650 - 1670 sowie um 1720, 1780, 1820 und 1850 n. Chr. MAISCH betont jedoch immer wieder, dass bei der Mehrzahl aller Alpengletscher der 1850er-Vorstoss zum Maximalereignis der kleinen Eiszeit bzw. der gesamten 10'000 Jahre des Postglazials anwuchs (MAISCH 1992: 37). Der klimageschichtlich entscheidende **Gletschervorstoß um 1850** kann somit in den Alpen als Abschluss einer mehrere Jahrhunderte andauernden Vorstoßperiode mit relativ großen Gletscherausdehnungen gesehen werden (MAISCH et al. 2000: 23; 37).

Auf die letzte postglaziale Gletscherschwankung, also die bis heute anhaltende Gletscherschwundphase seit 1850 kann im Folgenden allenfalls mit einigen statistischen Betrachtungen eingegangen werden.

Durch die Klimaerwärmung seit 1850 um 0.5 - 0.7 °C hat die Gesamtvergletscherung der Schweizer Alpen von 1'800 km^2 auf 1'300 km^2 im Jahr 1973 abgenommen (MAISCH et al. 1999: 6; 108). Dies entspricht einem Verlust von 27,2 % der Vergletscherungsfläche, so dass geschätzt gut über 100 Gletscher seither in den Schweizer Alpen abgeschmolzen sein dürften (MAISCH et al. 2000: 337f.). Vor allem Gletscher mit geringeren Ausgangsdimensionen haben prozentual wesentlich umfangreicher Verluste hinnehmen müssen als größere Gletscherregionen (MAISCH et al. 2000 7; 186).

Betrachtet man die Eisreserven der Schweizer Alpen, so gingen diese zwischen 1850 und 1973 von 107 km^3 auf 74 km^3, also um fast ein Drittel zurück, wobei der mittlere Eisdickeverlust der Gletscher 19 m betrug. Bei der Mehrheit aller von MAISCH et al. vermessenen Gebirgsgruppen ergab sich in der angesprochenen Zeit gar ein Volumenschwund von nahezu 50%, so dass sich für die Schweiz gerade noch eine mittlere Gletschereisbedeckung von 1,8 m ergibt (Verlust seit 1850: 80 cm) (2000: 339). Der schweizer „Durchschnittsgletscher" ist in seiner Gesamtlänge von im Schnitt 1,41 km im Jahr 1850 um ca. 0,5 km auf eine Restlänge von 0.92 km zurückgeschmolzen, wobei die Gletscherzungen sich um ca. 150 Höhenmeter nach oben verlagerten (MAISCH 2000: 119; 341). Aus glaziologischer Sicht ist dabei der klimabedingte Anstieg der Gletscher-Schneegrenzen seit 1850 um ca. 90 m primäre Ursache des Gletscherschwundes (MAISCH et al. 2000: 278). Zur Einschätzung des zukünftigen Gletscherrückgangs vgl. Kapitel 6 dieser Arbeit. Damit ist die theoretische Betrachtung der postglazialen Gletscherschwankungen abgeschlossen, Abb. 6 gibt hierzu nochmals einen zusammenfassenden Überblick.

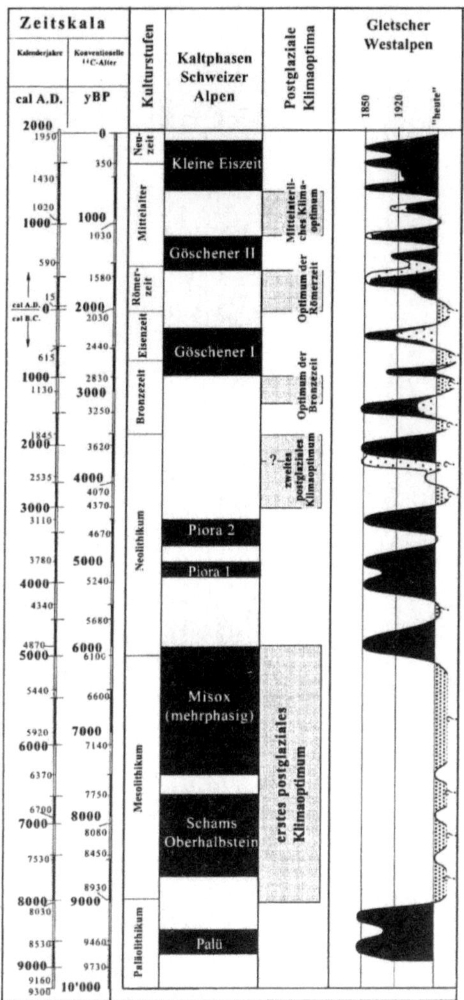
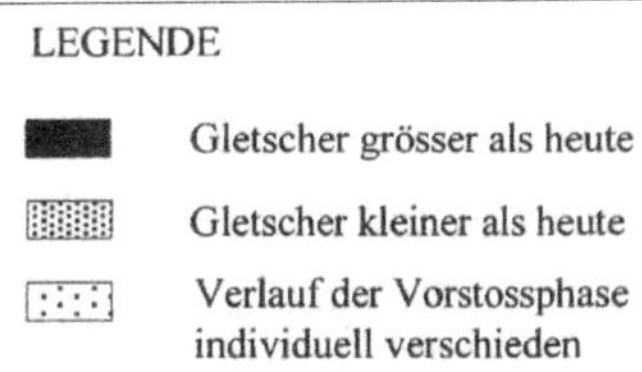

Abb. 6: Postglaziale Klima- und Gletscherschwankungen in den Alpen. Quelle: FURRER 2001: 48.

5. Spät- und postglaziale Gletscherschwankungen am Beispiel Berninaregion und Morteratschgletscher

An Hand des schweizer Berninamassivs im Oberengadin (Kanton Graubünden), einer der am stärksten vergletscherten Gebirgsgruppen der Alpen, sollen nun, mit speziellem Fokus auf den Morteratschgletscher, die in den vorhergehenden Kapiteln allgemein-theoretisch betrachteten spät- und postglazialen Gletscherschwankungen veranschaulicht werden (zum Morteratschgletscher und der geographischen Lage der Berninaregion vgl. Abb. 7, 8, 9 u. 11)

Abb. 7: Blick auf den Morteratschgletscher, in den von links der Persgletscher mündet. Quelle: http://www.kzu.ch/fach/gg/feld/morteratsch/fotosall

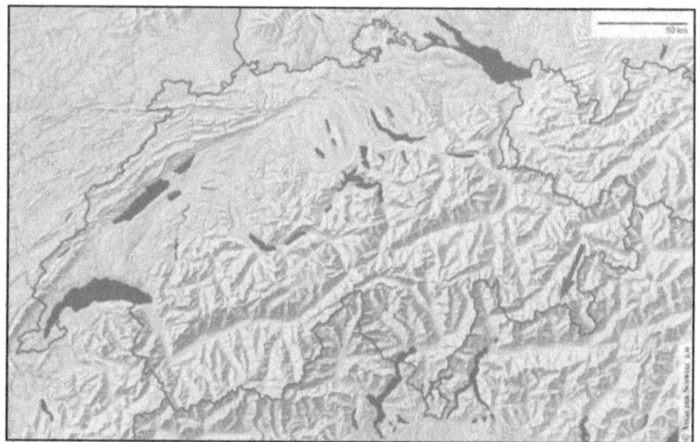

Abb. 8: Lage der Berninaregion (roter Pfeil). Quelle: Atlas der Schweiz 2.0

Abb. 9: Modell des Morteratschgletschers und der Berninagruppe. Quelle: Atlas der Schweiz 2.0.

5.1. Spätglaziale Gletscherschwankungen im Berninagebiet

Im LGM (ca. 20'000 BP) war der aus allen Nebentälern der Bernina (auch durch den Morteratschgletscher) gespeiste einstige Berninagletscher der Hauptzufluss des Inngletschersystems. Die Eismassen wölbten sich im Nährgebiet, dessen damaliges Hauptzentrum wohl im Talbecken von Samedan lag, bis auf über 3000 m ü. M. bei Pontresina empor (Schliffgrenze) und bedeckten beinahe die ganze Oberengadiner Berglandschaft (BEELER 1981: 101; MAISCH et al. 1993: 88).

Der durch die beginnende Erwärmung ausgelöste, schrittweise Eiszerfall im Spätglazial (18'000 - 10'000 BP) wurde auch im Oberengadin bzw. der Berninaregion von Klimarückschlägen mit erneuten Gletschervorstößen unterbrochen. Dabei sind folgende spätglaziale (lokale) Rückzugsstadien belegt, welche zu dem in Kapitel 4.2. erläuterten überregionalen Schema in Bezug gesetzt werden können:

- Das **Stadium von Zernez** kann wohl mit dem **Gschnitzstadium (14'500 BP)** korreliert werden, während dem die Passregion Bernina noch vollständig von Eismassen bedeckt war (MAISCH 1992: 36; BURGA/PERRET 1998: 610).

- Das **Clavadel-Stadium (14'000 BP)** ist am Ort **Cinuos-chel (Stadium von Cinuos-chel)** rekonstruierbar. Das gesamte Oberengadin war zu dieser Zeit noch durchgehend vergletschert, der Morteratschgletscher etwa hatte an seiner Mündung ins Berninatal noch 400 m Eismächtigkeit (vgl. Abb. 10) (MAISCH et al. 1993: 88). FURRER widerspricht dieser Vorstellung jedoch, da er betont, dass bereits zum vorhergegangenen Gschnitzstadium die großen Bündner Täler zum Teil eisfrei waren (1990: 14).

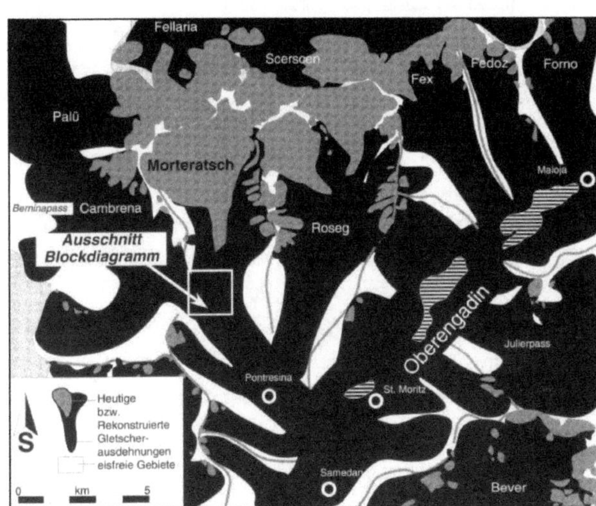

Abb. 10: Karte der Vergletscherungssituation im Berninagebiet während des Clavadel-Stadiums 14'000 BP.
Quelle: MAISCH 1993: 91.

- Das **Daun-Stadium (13'000 BP)** manifestierte sich im Oberengadin im **Stadium von Samedan**. Zu dieser Zeit füllte der Morteratschgletscher zusammen mit anderen Eisströmen das Becken von Samedan gerade noch einmal vollständig aus (MAISCH et al. 1993: 90).

- Das **Egesenstadium (11'000 - 10'200 BP)** in der **Jüngeren Dryas** entspricht hier dem **Stadium von Pontresina**, als der Morteratschgletscher bis zum gleichnamigen Ort erneut vorstieß und sich gerade noch mit dem Roseggletscher vereinigte (vgl. Abb. 11) (MAISCH et al. 1993: 11; 90).

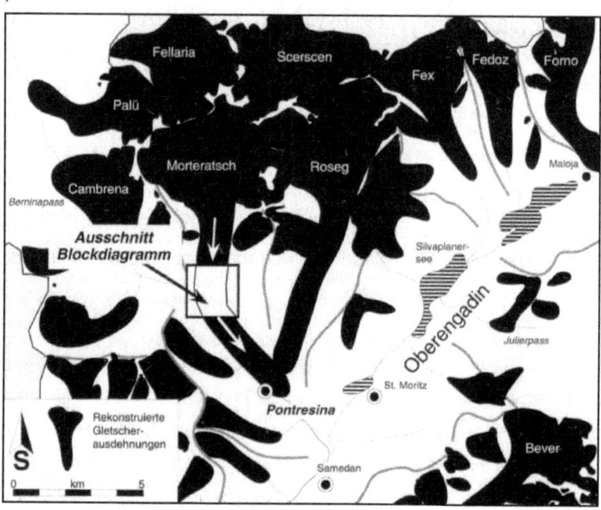

Abb. 11: Karte der Vergletscherungssituation im Berninagebiet während des Egesenstadiums (11'000 – 10'000 BP). Quelle: MAISCH et al. 1993: 11.

5.2. Postglaziale Gletscherschwankungen im Berninagebiet

In der Berninaregion schmolzen mit dem Beginn des Holozäns vor rund 10'000 Jahren die Gletscher auf Größenordnungen vergleichbar zu den 1850er-Hochständen zurück, wodurch auch hier die Würmeiszeit abgeschlossen war (MAISCH et al. 1993: 91). Die Flächeneinbußen zwischen Egesen-Maximalstand und dem Vorstoßereignis von 1850 fielen dabei in der Berninagruppe mit einem Verlust von 60% wesentlich stärker aus als etwa im Zeitraum 1850 bis heute (30% Flächeneinbußen) (MAISCH et al. 2000: 55).

Es folgte ein Vorstoßen (z.B. in der Palü-Kaltphase, vgl. Kapitel 4.3.) und Zurückschmelzen der Gletscher im Zyklus verschiedener postglazialer Kalt- und Warmphasen, wobei die Vorstöße meist auf die Größenordnungen von 1850 beschränkt blieben (BEELER 1981: 107; MAISCH et al. 1993: 91).

20

Die Gletscherstände der **Kleinen Eiszeit (ca. 1250 - 1850 n. Chr.)** können in der Berninaregion an Moränenwallspuren innerhalb der Gletschervorfelder gut nachvollzogen werden, vor allem die 1850er-Stände sind gut zu rekonstruieren (vgl. Abb. 12) (MAISCH et al. 1993: 20f.)

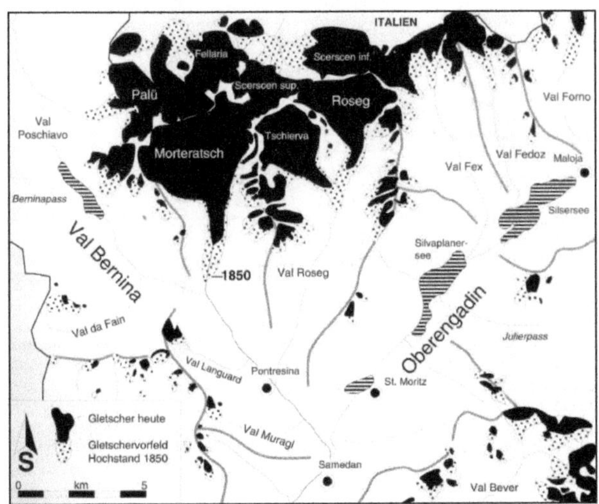

Abb. 12: Gletscherausdehnung im Berninagebiet 1850 und heute. Quelle: MAISCH et al. 1993: 21.

Zwischen 1850 und heute (Bezugsjahr: 1973) hat die Berninaregion auf Grund einer Klimaerwärmung um 0.5 - 0.7 °C ca. 30% ihrer Gletscherfläche, 37,3 % ihrer durchschnittlichen Gletscherlänge und 36,5% ihres Eisvolumens eingebüßt (MAISCH et al. 2000: 165; 197; 213).

Die Entwicklung ist auch am Morteratschgletscher gut nachvollziehbar. Der größte Bündner Talgletscher erreichte erst 1857 seinen Hochstand (FURRER 2001: 4). Die Zungenfront verharrte anschließend noch längere Zeit, bevor sie sich definitiv, dann jedoch beschleunigt zurückzog: Der Längenverlust seit 1850 beträgt 2 km oder 21%, der jährliche Rückgang im Zeitraum 1890 bis 1990 im Schnitt 16,3 m (MAISCH 1992: 40 u. MAISCH et al. 1993: 16; 80; 94). Heute ist der Morteratschgletscher noch rund 16 km^2 groß und 7 km lang; seine Zunge endet ca. auf 2100 m ü. M. (MAISCH et al. 1993: 34 u. 2000: 80). Eine abschließende Übersicht über die spät- und postglazialen Klimaschwankungen im Berninagebiet bietet Abb. 13.

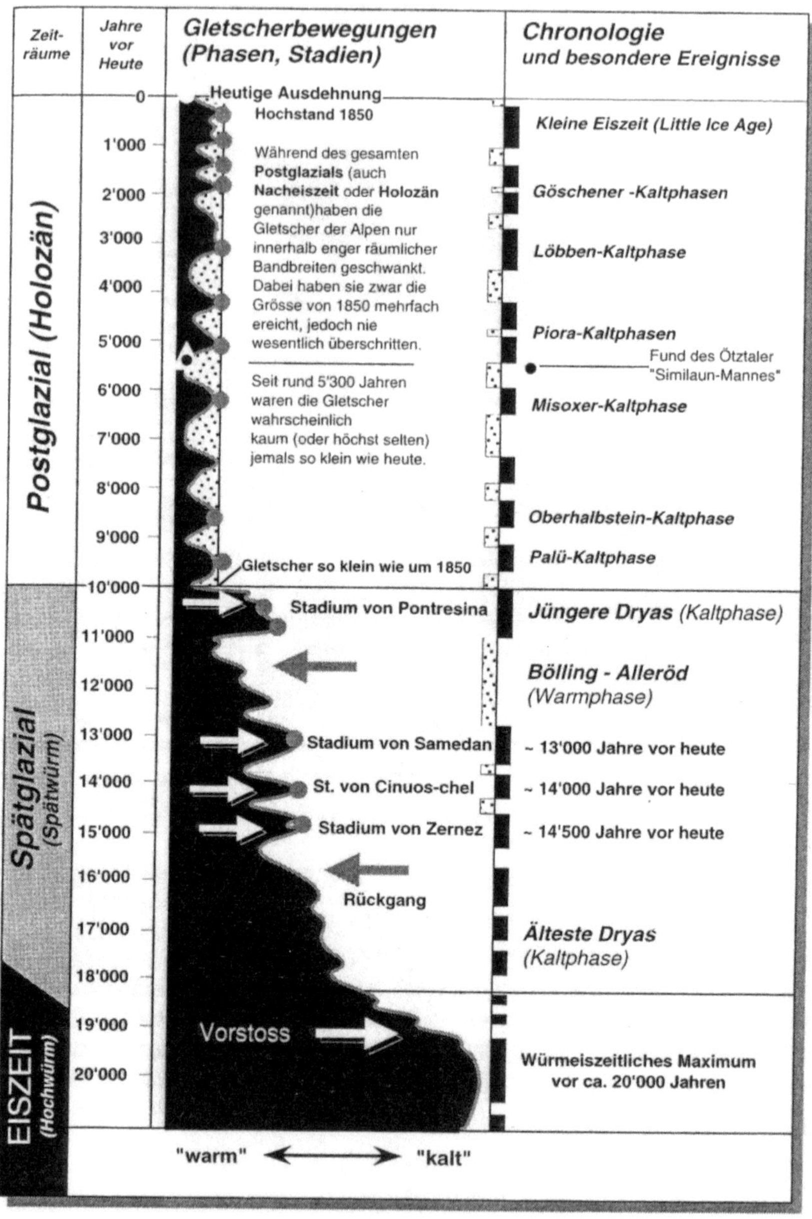

Abb. 13: Zeitliche Gliederung der spät- und postglazialen Gletscherschwankungen im Berninagebiet. Quelle: MAISCH et al. 1993: 93.

Abschließende Anmerkung zu den Lokalbeispielen: Oberengadin und Berninaregion haben gezeigt, dass die allgemeinen, theoretischen Betrachtungen und Einteilungen der spät- und postglazialen Gletscherschwankungen aus Kapiteln 4 in den Alpen oftmals auch bei regionalen Beispielen hohe Relevanz besitzen. Die empirische Verifikation der Modelle wird in den kommenden Jahren weiterhin eine wichtige Forschungsaufgabe darstellen.

MAISCH etwa konnte im Raum Mittelbünden an Hand der würmzeitlichen Gletschersysteme „Landwasser", „Albula" und „Kesch" die spätglazialen Rückzugsstadien Steinach, Clavadel, Gschnitz, Daun und Egesen ebenfalls bestätigen. Auch die entsprechenden Schneegrenzdepressionen stimmten mit Kapitel 4.2. weitgehend überein. Für das Postglazial konnte er nachweisen, dass der dortige 1850er-Hochstand meist der größte Gletschervorstoß des Holozäns blieb (MAISCH 1981: 10; 151f.; 196f.)

EBENSO gelang es BIRCHER, lokale Stadien im Saastal mit den Rückzugsstadien Gschnitz, Clavadel, Daun und Egesen zu parallelisieren. Im Postglazial stimmten viele seiner Ergebnisse mit dem in Kapitel 4.3. dargelegten Schema überein (so z.B. der Nachweis u.a. der Kaltphasen Oberhalbstein, Löbben u. Göschener), wobei im Saastal allerdings der Hochstand von 1820 größer als derjenige von 1850 ausfiel (BIRCHER 1982: VII; 69; 130 f.; 142;).

SUTER konnte die spätglazialen Stadien der Gletscher in der Err-Julier-Gruppe (Engadin) allerdings dem allgemeinen Schema der Rückzugsstadien nicht restlos zuordnen (eine Zuordnung war teils nur zu Daun- oder Egesenstadien möglich). Dennoch konnten für dieses Gebiet fast alle postglazialen Kaltphasen aus Kapitel 4.3. nachgewiesen werden (SUTER 1981: 56ff.; 91).

Die allgemein-theoretischen Einteilungen des Spät- und Postglazials, welche Hauptgegenstand dieser Arbeit waren, konnten folglich bereits mit einer Vielzahl von Lokalbeispielen korreliert werden. Dennoch bleibt noch viel Forschungsbedarf vorhanden.

6. Ausblick

Im Schlusskapitel soll die in der Einleitung bereits erläuterte, grundlegende Motivation zu dieser Arbeit nochmals aufgegriffen werden: Das Studium spät- und postglazialer Gletscherschwankungen soll den Rezipienten einem profunderen Verständnis von Klimaprozessen näher bringen – vor allem in Hinblick auf die gegenwärtigen Fragen rund um das Thema anthropogen bedingter Treibhauseffekt.

Dabei lässt sich folgendes Fazit ziehen: Der Eiszerfall zwischen 1850 und heute ist sowohl in Geschwindigkeit als auch Ausmaß noch kein Novum in den letzten 20'000 Jahren. Ähnliche Klimaveränderungen und Gletscherrückzugsprozesse sind etwa beim Übergang von der Ältesten Dryas zum Bölling oder dem Wechsel von der Jüngeren Dryas zum

Holozän (vgl. hier den Jahresmitteltemperaturanstieg im Nordatlantik um 7°C binnen 50 Jahren) bereits vorgefallen (BURGA/PERRET 1998: 715). Des weiteren sind die Nachweise über z.T. geringere postglaziale Minimalstände der Alpengletscher als heute meist plausibel.

Zusammenfassend lässt sich somit feststellen, dass nicht die aktuellen Gletscherstände, sondern vor allem eines Anlass zur Sorge und zum Handeln gibt: Die Klimaprognosen für die nächsten Jahrzehnte. Dies wird auch an Abb. 14 deutlich.

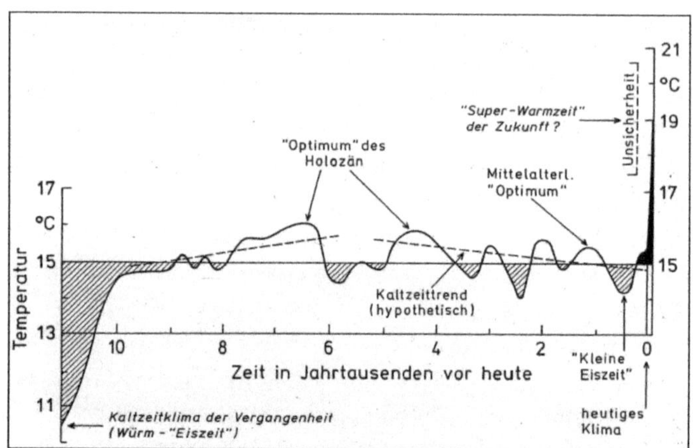

Abb. 14: Rekonstruktion der Variationen der bodennahen nordhemisphärischen Mitteltemperatur in den letzten 10'000 Jahren, sowie die Prognose (künftige 100 Jahre) einer anthropogenen Superwarmzeit. Quelle: SCHÖNWIESE 1994: 21.

Sollten solche Prognosen einer anthropogenen Superwarmzeit Wirklichkeit werden, wird dies auf Grund der in dieser Arbeit aufgezeigten großen Sensibilität der glazialen und periglazialen Ökosysteme gegenüber Klimaveränderungen weitreichende Folgen haben, die in Bezug auf die Alpengletscher auch bereits abgeschätzt werden.

PATZELT kommt zu dem Ergebnis, dass ohne jegliche weitere Erwärmung (bei Andauer der Klimaverhältnisse von 1981-1991) die Ostalpengletscher noch etwa 50% ihrer Fläche verlieren werden (1991: 184). Falls sich jedoch die prognostizierte Entwicklung eines anthropogen verstärkten „Treibhausklimas" fortsetzt, wird der Rückgang der Vergletscherung in den Alpen wohl sämtliche bekannten „natürlichen" Eisrückzugsphasen des Spät- und Postglazials deutlich und dramatisch übertreffen (MAISCH 1999: 8; MAISCH 2000: 320).

Bei einem Anstieg der Gletscher-Schneegrenzen um z.B. 300 m, was einem Temperaturanstieg um 1.8 - 2.1° C entspricht, dürften schätzungsweise rund 70% der heutigen Vergletscherungsfläche der Schweizer Alpen abgeschmolzen sein und von den aktuell 2244 Schweizer Gletschern nur 500 übrig bleiben. Je nach IPCC[6]-Szenario wird diese Situation zwischen dem Jahr 2060 und 2130 erreicht sein (FURRER 2001: 5; MAISCH 2000: 296). Somit liegen die Zukunftsszenarien zur Klimaentwicklung deutlich (Faktor 2 bis 7) über dem Durchschnitt der Erwärmungsgeschwindigkeiten am Ende des Egesen-Stadiums oder des Zeitraums seit 1850 (MAISCH 2000: 278). Ab einem Anstieg der Gletscher-Schneegrenzen um 1000 m und einer Temperaturerhöhung um ca. 7°C dürften die Schweizer Alpen bis auf 40 kleinere Firnfleckenreste beinahe vollständig entgletschert sein (MAISCH et al. 2000: 297).

Somit kann man sich in der aktuell wichtigen Entscheidungs- und Handlungsphase in Bezug auf eine Beeinflussung des Weltklimas (etwa über die Entwicklung eines Regenwald- bzw. Weiterentwicklung des Kyotoregimes) der Forderung von MAISCH nur anschließen: „Angesichts der in den vorgelegten Gletscherschwundszenarien skizzierten einschneidenden Veränderungen und der daraus erwachsenden negativen ökologischen und ökonomischen Folgewirkungen sind daher Maßnahmen zur Stabilisierung oder Reduktion der Treibhausgasemmissionen nach wie vor dringende Anliegen" (MAISCH 1992: 215).

Etwas Trost in Hinblick auf solch düstere Zukunftsperspektiven kann vielleicht der in dieser Arbeit behandelte Morteratschgletscher in der Berninaregion bieten: Er wird erst bei einem Temperaturanstieg zwischen 7 und 8°C völlig verschwinden, was einem Zeitpunkt im späten 22. Jhdt. entsprechen könnte (MAISCH et al. 1993: 98). Es bleibt abzuwarten, ob den Europäern völlig entgletscherte Alpen gleichgültig bleiben.

---

[6] IPCC = International Panel on Climate Change

25

Quellenverzeichnis

BEELER, F. (1981): Das Spät- und Postglazial im Berninapassgebiet.
In: Geographica Helvetica 35 (3), S. 101 – 108.

BIRCHER, W. (1982): Zur Gletscher- und Klimageschichte des Saastales.
Glazialmorphologische und dendroklimatologische Untersuchungen. 233 S., Zürich.

BLÜMEL, W. D. (1999): Physische Geographie der Polargebiete. 239 S., Stuttgart.

BURGA, C. A. & R. PERRET (Hrsg.) (1998): Vegetation und Klima der Schweiz seit dem
jüngeren Eiszeitalter. 805 S., Thun.

BURGA, C. A. & G. FURRER (1982): Zur Erforschung des Quartärs in der Schweiz.
In: Geographica Helvetica 37 (2), S. 68 - 74.

FURRER, G. (2001): Alpine Vergletscherung vom letzten Hochglazial bis heute.
49 S., Mainz.

FURRER, G. (1990): 25 000 Jahre Gletschergeschichte. Dargestellt an einigen Beispielen aus
den Schweizer Alpen. Vierteljahrsschrift der Naturforschenden Gesellschaft in Zürich
135 (5), 52 S., Zürich.

FURRER, G., C. BURGA, M. GAMPER, H.-P. HOLZHAUSER & M. MAISCH (1987): Zur Gletscher-,
Vegetations- und Klimageschichte der Schweiz seit der Späteiszeit. In: Geographica
Helvetica 42 (2), S. 61 – 91.

GÄGGELER, H., B. STAUFFER, A. DÖSCHER & T. BLUNIER (1997): Klimageschichte
im Alpenraum aus Analysen von Eisbohrkernen. 61 S., Zürich.

GAMPER, M. & J. SUTER (1982): Postglaziale Klimageschichte der Schweizer Alpen. In:
Geographica Helvetica 37 (2), S. 105 – 114.

GEIKIE, J. (1910): The Alps during the Glacial Period. In: Bulletin of the American
Geographical Society 42 (3), S. 192 - 205.

INSTITUT FÜR KARTOGRAPHIE DER ETHZ (2004): „Atlas der Schweiz 2.0" (Software).

IVES, J.D. (1977): Late and Postglacial Glacier Fluctuations and Sea Level Changes in Arctic Canada. In: Geografiska Annaler. Series A, Physical Geography 59 (3/4), S. 253 - 256.

LISTER, G.S. (1985): Late pleistocene alpine deglaciation and post-glacial climatic developments in Switzerland: the record from sediments in a peri-alpine lake Basin. 151 S., Zürich.

MAISCH, M., A. WIPF, B. DENNELER, J. BATTAGLIA & C. BENZ (2000): Die Gletscher der Schweizer Alpen: Gletscherhochstand 1850, aktuelle Vergletscherung, Gletscherschwund-Szenarien. - 2., durchgesehene u. korrigierte Auflage, 373 S., Zürich.

MAISCH, M. (1995): Gletscherschwundphasen im Zeitraum des ausgehenden Spätglazials (Egesen-Stadium) und seit dem Hochstand von 1850 sowie Prognosen zum künftigen Eisrückgang in den Alpen. In: Gletscher im ständigen Wandel. Jubiläums-Symposium der Schweizerischen Gletscherkommission 1993 Verbier (VS): "100 Jahre Gletscherkommission – 100'000 Jahre Gletschergeschichte", S. 81 - 100.

MAISCH, M., C. A. BURGA & P. FITZE (1993): Lebendiges Gletschervorfeld: von schwindenden Eisströmen, schuttreichen Moränenwällen und wagemutigen Pionierpflanzen im Vorfeld des Morteratschgletschers. Führer und Begleitbuch zum Gletscherlehrpfad Morteratsch. 138 S., Stuttgart.

MAISCH, M. (1992): Die Gletscher Graubündens. Rekonstruktion und Auswertung der Gletscher und deren Veränderung seit dem Hochstand von 1850 im Gebiet der östlichen Schweizer Alpen (Bündnerland und angrenzende Regionen). Teil A: Grundlagen-Analysen-Ergebnisse. In: Schriftenreihe Physische Geographie 33, 324 S., Zürich.

MAISCH, M. (1982): Zur Gletscher- und Klimageschichte des alpinen Spätglazials. In: Geographica Helvetica 37 (2), S. 93 – 104.

MAISCH, M. (1981): Glazialmorphologische und gletschergeschichtliche Untersuchungen im Gebiet zwischen Landwasser- und Albulatal (Kt. Graubünden, Schweiz). 215 S., Zürich.

PATZELT, G. (1991): Die Gletscher der österreichischen Alpen. Sammelbericht über die Gletschermessungen des österreichischen Alpenvereins im Jahre 1991. In: Zeitschrift für Gletscherkunde und Glazialgeologie 29 (2), S. 179 – 193.

SCHÖNWIESE, C. (1995): Klimaänderungen – Daten, Analysen, Prognosen. 224 S., Berlin.

SUTER, J. H. (1981): Gletschergeschichte des Oberengadins: Untersuchungen von Gletscherschwankungen in der Err-Julier-Gruppe. 147 S., Zürich.

THOME, K.N. (1998): Einführung in das Quartär. Das Zeitalter der Gletscher. 287 S., Berlin.

WELTEN, M. (1982): Stand der palynologischen Quartärforschung am schweizerischen Nordalpenrand. Überblick, Methodisches, Probleme.
In: Geographica Helvetica 37 (2), S. 75 - 83.

<u>Die Fotografien auf der Titelseite sowie auf Seite 17 sind entnommen aus</u>:
http://www.kzu.ch/fach/gg/feld/morteratsch/fotosallg/mort1.jpg und
http://www.kzu.ch/fach/gg/feld/morteratsch/fotosallg/giant.jpg;
zugegriffen am 15. 5. 2006.